PROBLEMAS CON

RAÍZ CUADRADA Y FRACCIONES

GERARDO M. NOGUEIRA

Grulla

371.33 Gerardo M. Nogueira
GER Problemas con raíz cuadrada y fracciones. - 1ª. ed.– Buenos Aires: Grupo Editor de la Grulla, 2004.
32 p.; 28x20 cm.

ISBN 987-520-212-6

I. Título - 1. Matemática-Ejercicios Prácticos

Primera edición: abril de 2003
Última reimpresión: 2.000 ejemplares, abril de 2004

I.S.B.N.: 987-520-212-6

Se ha hecho el depósito que establece la Ley 11.723

Bartolomé Mitre 3745 - Ciudad Autónoma de Buenos Aires
República Argentina
IMPRESO EN ARGENTINA - PRINTED IN ARGENTINA

POTENCIACIÓN

TODO SOBRE LA POTENCIACIÓN

La potenciación expresa una multiplicación de factores iguales.

$$5 . 5 = 5^2$$

$$3 . 3 . 3 = 3^3$$

Información importantísima

Los nombres de los elementos que forman parte de la POTENCIACIÓN son:

exponente

$$8^2 = 64$$

base potencia

Se lee así:

OCHO A LA SEGUNDA POTENCIA u OCHO AL CUADRADO.

El exponente indica cuántas veces la base se multiplica por sí misma.
Tanto la base como el exponente pueden ser cualquier número natural.
La potencia también lo será.

- Si el exponente es 2 –por ejemplo, 7^2–, se lee "siete al cuadrado".
- Si el exponente es 3 –por ejemplo, 9^3–, se lee "nueve al cubo".
- Si el exponente es cualquier otro número –por ejemplo, 4^5–, se lee "cuatro a la quinta".

CUBO Y CUADRADO

Se llama cuadrado de un número a la potencia de exponente 2, y cubo a la potencia de exponente 3.

$$2 . 2 = 2^2 = 4$$
$$5 . 5 = 5^2 = 25$$
$$3 . 3 . 3 = 3^3 = 27$$
$$10 . 10 . 10 = 10^3 = 1.000$$

Exponente cero, exponente uno

Ahora, veamos:

$2^0 = 1$	$3^1 = 3$
$10^0 = 1$	$7^1 = 7$
$8^0 = 1$	$10^1 = 10$

¿Cuál es la potencia de cualquier base que tiene exponente cero? Por convención, el resultado es siempre 1.

Por lo general, el exponente 1 no se escribe.

El exponente cero indica que la base no se considera ninguna vez como factor.

¿A qué es igual la primera potencia de un número? Si el exponente es 1, el resultado es igual a la base.

El exponente 1 indica que la base se considera una vez.

$$10^0 = 1$$
$$10^1 = 10$$
$$10^2 = 100$$
$$10^3 = 1.000$$
$$10^4 = 10.000$$
$$10^5 = 100.000$$

Y AHORA... A PRACTICAR

1) ¿Cuál es la potencia de cada uno? Unan con flechas según corresponda.

2^0	4		
2^3	2	3^3	9
2^1	1	3^4	3
2^6	16	3^0	1
2^4	8	3^1	27
2^2	26	3^2	81

2) ¿Cómo resuelven éstas?

$10^4 =$	$1^7 =$	
$28^0 =$	$9^1 =$	$2^6 =$
$2^5 =$	$3^4 =$	$0^{21} =$

3) ¿A quién tienen por potencia? Unan con flechas según corresponda.

9^1	tiene por potencia a →	9
3^2		
3^3		25
4^2		
16^1		27
25^1		
5^2		16

PROPIEDADES DE LA POTENCIACIÓN

La potenciación no es conmutativa

3^2 NO ES IGUAL A 2^3

$$2^3 \neq 3^2$$
$$8 \neq 9$$

$$1^0 \neq 0^1$$
$$1 \neq 0$$

$$4^3 \neq 3^4$$
$$64 \neq 81$$

$$2^5 \neq 5^2$$
$$32 \neq 25$$

La potenciación, ¿es distributiva?

Veamos, en primer lugar, si la potenciación es distributiva para la suma:

$(3 + 2)^2$ NO ES IGUAL A $3^2 + 2^2$

$$5^2 \neq 9 + 4$$
$$25 \neq 13$$

Por lo tanto, la potenciación NO ES DISTRIBUTIVA para la suma.
Ahora, veamos si es distributiva para la resta:

$(4 - 3)^2$ NO ES IGUAL A $4^2 - 3^2$

$$1^2 \neq 16 - 9$$
$$1 \neq 7$$

Por lo tanto, la potenciación NO ES DISTRIBUTIVA para la resta.
Ahora bien, ¿será distributiva para la multiplicación?

$(3 \,.\, 2)^2$ ES IGUAL A $3^2 \,.\, 2^2$

$$6^2 = 9 \,.\, 4$$
$$36 = 36$$

Por lo tanto, la potenciación ES DISTRIBUTIVA para la multiplicación.
Y por último, veamos si es distributiva para la división.

$$(6 : 3)^2 \text{ ES IGUAL A } 6^2 : 3^2$$

$$2^2 = 36 : 9$$
$$4 = 4$$

Por lo tanto, la potenciación ES DISTRIBUTIVA para la división.

Y AHORA... A PRACTICAR

1) Comprobemos si la potenciación es o no distributiva en estos ejercicios. Desarrollen los ejercicios y luego completen la frase de la respuesta.

$(3 + 4)^2 =$

$(8 - 2)^3 =$

Respuesta: Los resultados .... iguales porque .... distributiva en la suma y en la resta.

2) Resuelvan los siguientes ejercicios. Recuerden que deben separar en términos (las sumas y restas separan los términos).
¿Una ayudita?

Aquí tienen la tabla de los cuadrados y cubos de los diez primeros números.

Número	1	2	3	4	5	6	7	8	9	10
Cuadrado	1	4	9	16	25	36	49	64	81	100
Cubo	1	8	27	64	125	216	343	512	729	1.000

$7 . 4 - 2^4 + 15 : 3 - 35 =$

$72 : 9 + 9^2 - 2^3 . 3^2 + 5^2 =$

$(6^2 \cdot 5^2) : 30^2 =$

$3^3 - 2^3 + 7^2 - 6^2 + 8^2 =$

$56 : 7 + 54 : 6 - 8^0 \cdot 3^2 =$

$6^5 + 0^4 + 4^3 : 8 - 2^3 =$

$7^3 \cdot 0^5 + 12^2 - 10^2 + 11^2 =$

RADICACIÓN

TODO SOBRE LA RADICACIÓN

Así como la resta es la operación inversa de la suma, y la división lo es de la multiplicación, la RADICACIÓN es la operación inversa de la potenciación.

En la potenciación, se conoce la base y el exponente. Se calcula la potencia.

$$5^3 = 125$$

En la radicación se conoce la potencia y el exponente y se calcula la base.

$$\sqrt[2]{16} = 4$$

¿Qué número elevado al cuadrado da 16? La respuesta es 4, ya que 4^2 es igual a 16.

Ahora bien, ¿cuál es la raíz cúbica de 27?

$$\sqrt[3]{27} = 3$$

La respuesta es 3, ya que 3^3 es igual a 27.

Información importantísima

¿Cómo se llaman los elementos que intervienen en la radicación?

$$\sqrt[2]{4} = 2$$

índice → 2

raíz → 2

radicando → 4

El índice y el radicando pueden ser cualquier número natural.

Si el índice es 2, se escribe directamente $\sqrt{9} = 3$, y se lee "raíz cuadrada" sin necesidad de escribir el número 2.

Un pequeño ejercicio

¿Cuáles son las raíces de los siguientes números?

$\sqrt{81} =$

$\sqrt{49} =$

$\sqrt{100} =$

$\sqrt[3]{27} =$

$\sqrt[3]{0} =$

$\sqrt[3]{125} =$

$\sqrt[3]{1} =$

Potencia segunda y potencia tercera

Puede extraerse la raíz cuadrada de un número que sea potencia segunda:

$\sqrt{9} = 3$

9 es potencia segunda.

También puede extraerse la raíz cúbica de un número que sea potencia tercera.

$\sqrt[3]{64} = 4$

64 es potencia tercera.

$\sqrt[2]{25} = 5$

Porque $5^2 = 25$, y 25 es potencia segunda.

$\sqrt{81} = 9$

Porque $9^2 = 81$, y 81 es potencia segunda.

$\sqrt[3]{27} = 3$

Porque $3^3 = 27$, y 27 es potencia tercera.

$\sqrt[3]{125} = 5$

Porque $5^3 = 125$, y 125 es potencia tercera.

PROPIEDADES DE LA RADICACIÓN

La radicación no es conmutativa

$\sqrt[2]{9}$ NO ES IGUAL A $\sqrt[9]{2}$

La radicación, ¿es distributiva?

Veamos, en primer lugar, si la radicación es distributiva para la suma:

$$\sqrt{16 + 9} = \sqrt{25} = 5$$

$$\sqrt{16} + \sqrt{9} = 4 + 3 = 7$$

$$5 \neq 7$$

$$\sqrt{16 + 9} \neq \sqrt{16} + \sqrt{9}$$

Los resultados no son iguales porque la radicación no es distributiva para la suma.

Ahora bien, la radicación, ¿es distributiva para la resta? Veamos:

$$\sqrt{25 - 9} = \sqrt{16} = 4$$

$$\sqrt{25} - \sqrt{9} = 5 - 3 = 2$$

$$4 \neq 2$$

$$\sqrt{25 - 9} \neq \sqrt{25} - \sqrt{9}$$

Los resultados no son iguales porque la radicación no es distributiva para la resta.

¿Será distributiva para la multiplicación?

$$\sqrt{36 \,.\, 100 \,.\, 4} = \sqrt{14.400} = 120$$

$$\sqrt{36} \,.\, \sqrt{100} \,.\, \sqrt{4} = 6 \,.\, 10 \,.\, 2 = 120$$

$$120 = 120$$

$$\sqrt{36 \,.\, 100 \,.\, 4} = \sqrt{36} \,.\, \sqrt{100} \,.\, \sqrt{4}$$

Los resultados son iguales porque la radicación es distributiva para la multiplicación.

Y, por último... ¿la radicación será distributiva para la división?

$\sqrt{100 : 4} = \sqrt{25} = 5$

$\sqrt{100} : \sqrt{4} = 10 : 2 = 5$

$5 = 5$

Los resultados son iguales porque la radicación es distributiva para la división.

Y AHORA... A PRACTICAR

1) Resolvamos las siguientes operaciones.

$\sqrt[3]{125} =$

$\sqrt{121} =$

$\sqrt{36} =$

$\sqrt[3]{216} =$

$\sqrt[3]{1.000} =$

2) A continuación resolvemos los siguientes ejercicios, aplicando las propiedades estudiadas.

$25 - 30^0 + 0 . 6 - 15 =$

$5^2 . 5^3 - 5^4 : 5 =$

$150 : 10 - 3^2 + 0 + 7 . 3 =$

$3 . 4 . 5 - 3 . 4^2 =$

$144 - 6^0 + 92 : 2 - 5 =$

$\sqrt[5]{243} - 0 + 7 . 2 =$

$6 . \sqrt{49} + 0^5 + 3 . 2^4 =$

$1^7 . 8^1 + \sqrt[5]{32} - \sqrt[4]{1} =$

$5^3 - \sqrt{81 . 49} =$

$\sqrt[3]{8 . 27} - 4 : 1 + 3 . 0 . 1 =$

3) Ahora, a leer y traducir.

Lean las siguientes consignas, como si les estuvieran dictando, y escriban en el lenguaje simbólico que utilizan en matemática.

- Dos más el cuadrado de cinco.

....

- Raíz cuadrada de veinte más cinco.

....

- El cubo de cinco menos la potencia cuarta de dos.

....

4) A ver, a ver...

- Si:

$1 = 1^2$

$1 + 2 + 1 = 2^2$

$1 + 2 + 3 + 2 + 1 = 3^2$

¿Cómo se escribirá 4^2 y 5^2?

FRACCIONES

COMENCEMOS

Observen el siguiente dibujo:

Rubén y Atilio, ¿comieron la misma cantidad de pizza? ¿Por qué?

Recordemos que una fracción tiene un significado sólo si se aplica a alguna cosa.

Un pequeño ejercicio

Escriban la fracción representada por la parte pintada de cada figura.

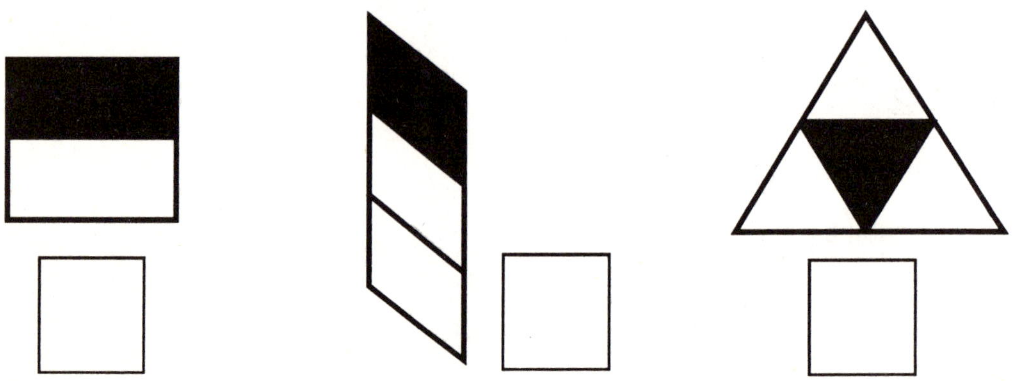

TODO SOBRE FRACCIONES

Los elementos de una fracción

Paula y Hernán están pintando una pared que está dividida en 6 partes iguales. Cada una de esas partes es un sexto de la pared.

Un sexto se escribe $\frac{1}{6}$.

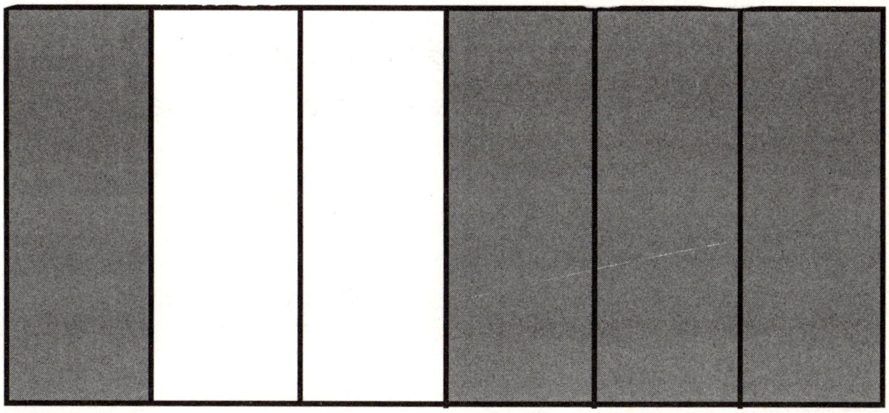

Paula pintó $\frac{1}{6}$ de la pared.

Hernán pintó $\frac{3}{6}$ de la pared.

Una fracción común tiene dos elementos, separados por una línea horizontal.

$$\frac{\text{el numerador}}{\text{el denominador}}$$

El numerador es el número que se escribe sobre la línea. Representa LAS PARTES QUE SE UTILIZAN (las partes que pintaron Paula y Hernán, en cada caso), o el DIVIDENDO de la división.

El denominador se escribe debajo de la línea de fracción. Indica LAS PARTES EN QUE SE HA DIVIDIDO EL ENTERO (partes iguales en que se dividió la pared), o el DIVISOR de la división.

Numerador de una fracción:
indica las partes que se toman de la unidad.

Denominador de una fracción:
indica las partes en que se ha dividido la unidad.

Veámoslo con otro ejemplo, analizando la fracción $\frac{2}{7}$.

$\frac{2}{7}$ corresponde a 2 partes iguales de un total de 7 partes.

Representa, también, a 2 : 7.

{ * * • • • • • }

Total de elementos: 7
Asteriscos: 2
Fracción de asteriscos: $\frac{2}{7}$

Veamos otro ejemplo, analizando la fracción $\frac{6}{4}$.

• **En conjuntos de elementos, se graficaría así:**

{ * * * * } { * * • • }

Necesitamos más de un conjunto de asteriscos, porque cada conjunto tiene 4 elementos y necesitamos 6 asteriscos.

- **Como unidad dividida en partes iguales, en figura geométrica**

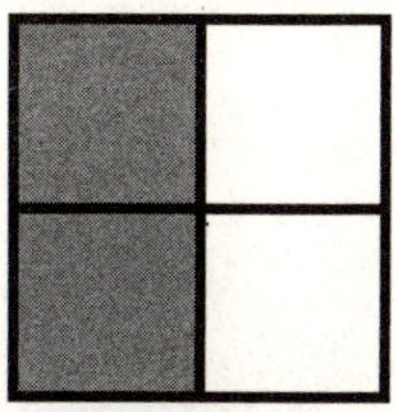

$\frac{2}{4}$

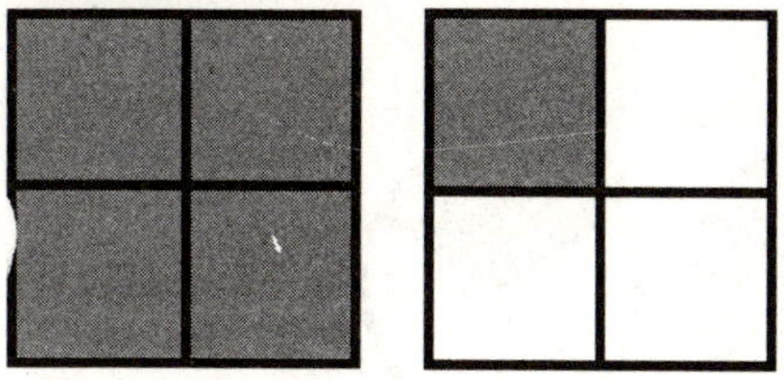

$\frac{5}{4}$

Para expresar la fracción $\frac{5}{4}$ necesitamos dos figuras iguales, porque cada una está dividida en 4 partes, y debemos pintar 5.

Clasificación de fracciones

Existe una relación entre numerador y denominador, que nos sirve para clasificar fracciones.

Hay tres maneras de clasificar las fracciones, comparando el numerador con el denominador. Así, tenemos:

- **Fracción propia**

Cuando el numerador es menor que el denominador.

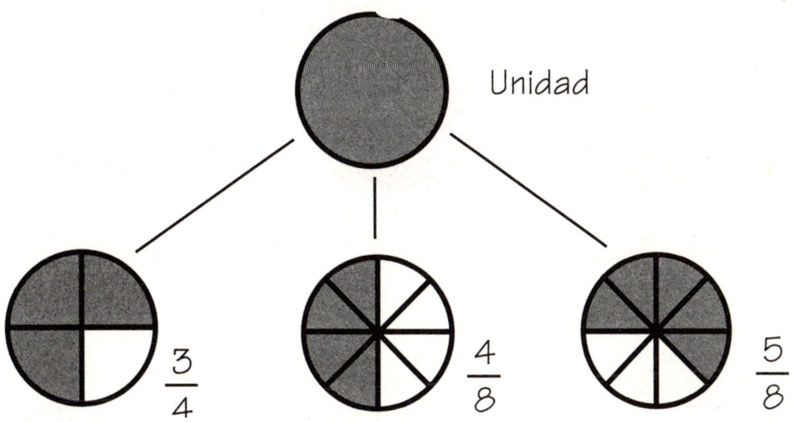

Las fracciones $\frac{3}{4}$, $\frac{4}{8}$ y $\frac{5}{8}$ son menores que la unidad. Su numerador es menor que su denominador.

- **Fracción impropia**

Cuando el numerador es mayor que el denominador.

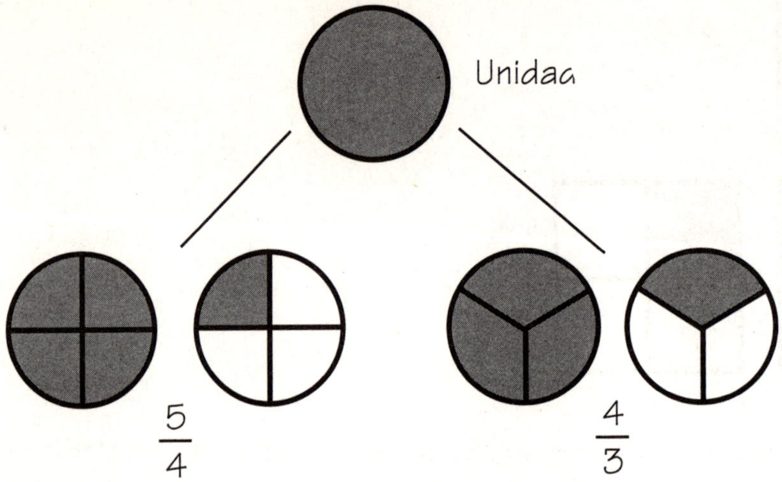

Las fracciones $\frac{5}{4}$ y $\frac{4}{3}$ son mayores que la unidad. Su numerador es mayor que su denominador.

- **Fracciones iguales a la unidad**

Las fracciones son iguales a la unidad cuando el numerador es igual al denominador.

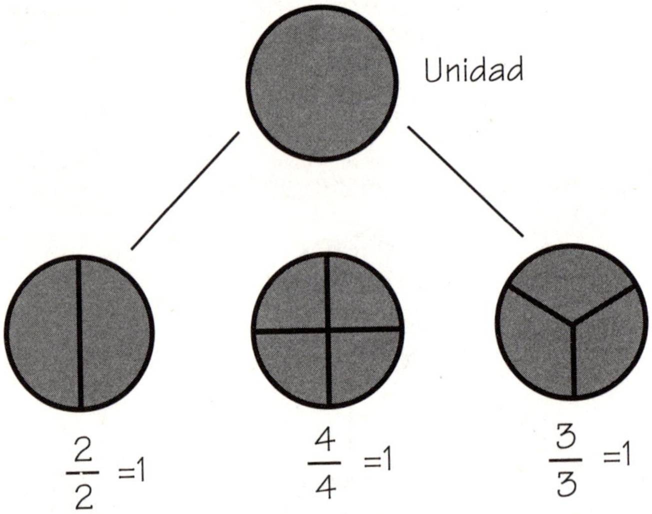

Las fracciones $\frac{2}{2}$, $\frac{3}{3}$ y $\frac{4}{4}$ son iguales a la unidad. Su numerador es igual a su denominador. Por lo tanto, cada una de ellas vale una unidad.

Un pequeño ejercicio

Coloreen, en cada gráfico, las zonas que correspondan para graficar las fracciones indicadas en cada caso.

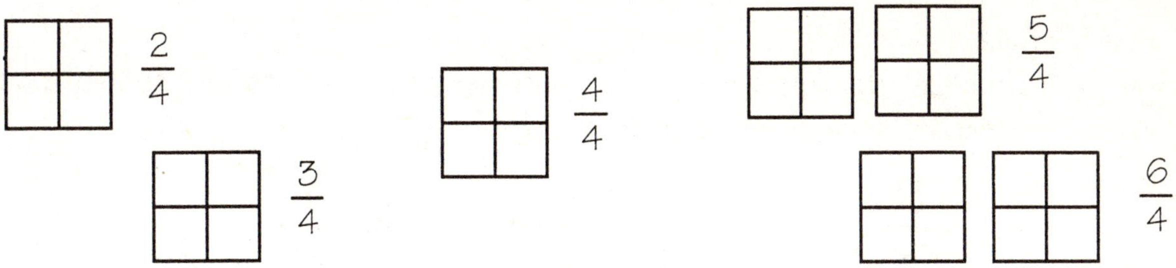

- **Fracciones aparentes**

Son las que representan un número natural.

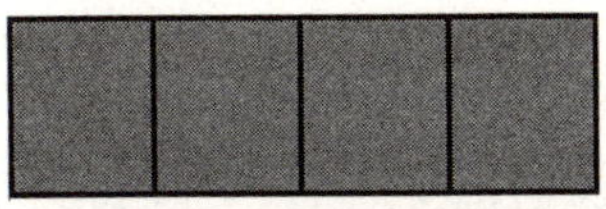

$\frac{4}{4}$ = 1 entero

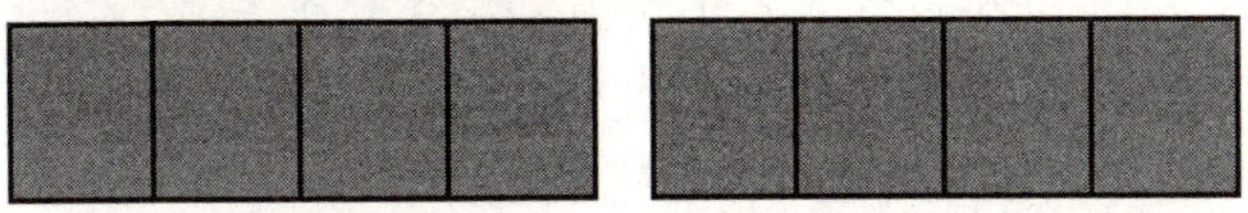

$\frac{8}{4}$ = 2 enteros

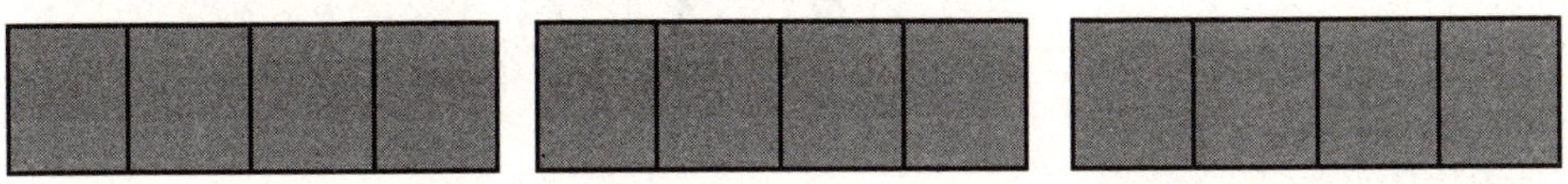

$\frac{12}{4}$ = 3 enteros

Números mixtos acompañados de una fracción

El número mixto es el número entero que va acompañado de una fracción propia.

Por ejemplo: $2\,\frac{1}{4}$

Significa que hay 2 enteros más $\frac{1}{4}$ de otro entero, igual a los anteriores.

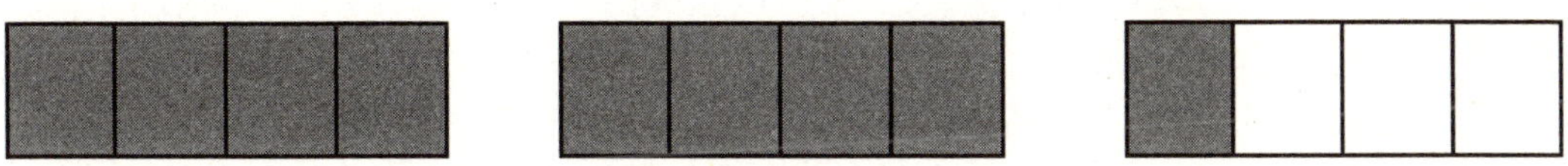

Entero   Entero $\frac{1}{4}$

Contando las partes tomadas, en total tenemos $\frac{9}{4}$

Así, vemos que todas las fracciones impropias pueden transformarse en número mixto.

- **La fórmula**

Para transformar fracciones impropias en número mixto la fórmula consiste en dividir el numerador por el denominador.

$$\frac{9}{4} \qquad \begin{array}{r|l} 9 & 4 \\ \cline{2-2} \not{1} & 2 \end{array} \qquad = 2\,\frac{1}{4}$$

El cociente será el número entero. El resto pasa a ser el numerador de la fracción y se mantiene el mismo denominador.

A su vez, los números mixtos también pueden transformarse en fracción impropia. Para realizar esta operación se creó la fórmula de multiplicar el entero por el denominador, y luego sumarle el numerador al producto, conservando el mismo denominador.

$$2\,\frac{1}{4} \longrightarrow \begin{array}{l} 2 \,.\, 4 = 8 \\ 8 + 1 = 9 \end{array}$$

El denominador se mantiene: $\frac{9}{4}$

Representación en la recta numérica

- **Fracción propia**

Toda fracción propia se ubica entre el 0 y el 1 de la recta. Hay que dividir ese segmento de la recta en las partes que indica el denominador de la fracción, y el numerador indica cuántas partes hay que considerar.

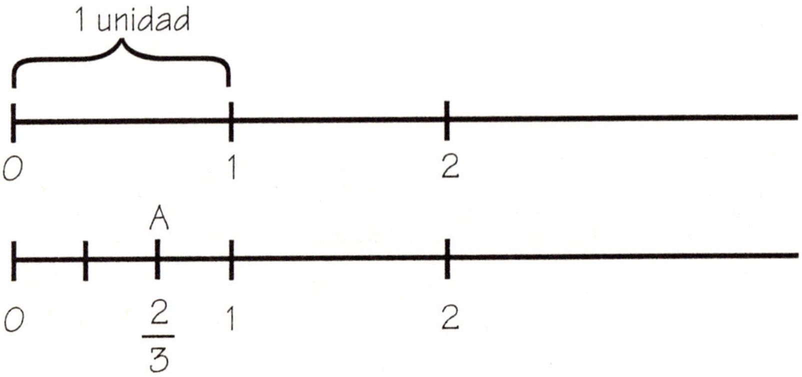

Para representar la fracción $\frac{2}{3}$, dividimos la unidad en tres partes iguales. Cada una de esas partes es $\frac{1}{3}$. A partir de 0 contamos dos de esas partes para ubicar la fracción $\frac{2}{3}$.

La fracción está representada por el punto A.

- **Fracción impropia**

Representaremos $\frac{5}{4}$.

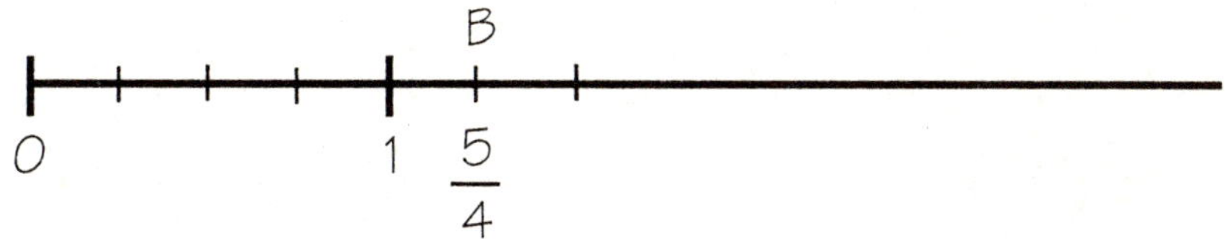

Dividimos la unidad en 4 partes iguales. Cada una de las partes es $\frac{1}{4}$.

Como hay que tomar 5 de esas partes, también dividimos la unidad siguiente en 4 partes iguales. A partir de 0 contamos cinco de esas partes.

La fracción $\frac{5}{4}$ está representada por el punto B.

Si transformamos esta fracción impropia en número mixto, tenemos…

$$\frac{5}{4} = 1\frac{1}{4}$$

Al convertirla en número mixto, el entero que se obtiene nos indica entre qué números enteros está la fracción impropia: la fracción que resulta se ubica entre dichos números.

Si tomamos $\frac{5}{3}$, al transformarla en número mixto obtenemos $1\frac{2}{3}$.

El entero 1 indica que la fracción está entre el 1 y el 2. Así, dividimos ese segmento (del 1 al 2) en tres partes iguales y marcamos el lugar donde se ubica $\frac{2}{3}$. Así ubicamos allí los $\frac{5}{3}$, que corresponden a la fracción impropia original.

- **Fracción igual a la unidad**

Las fracciones iguales a la unidad se ubican siempre en el número 1.

$$\frac{2}{2} = 1$$

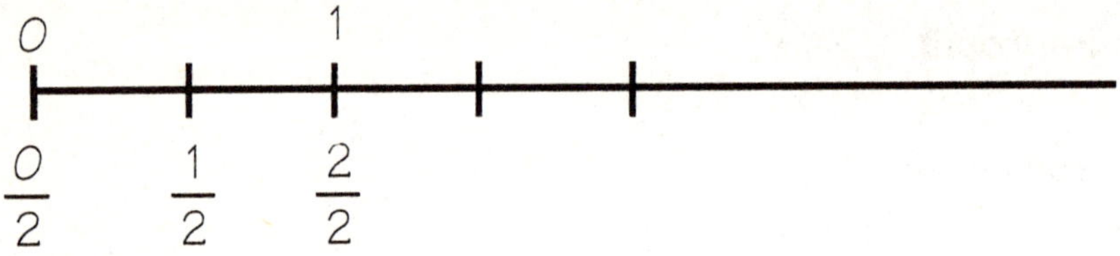

Orden y equivalencia

Al comparar dos fracciones (dependiendo del caso) se puede decir que:

- la primera ES MAYOR que la segunda;
- la primera ES MENOR que la segunda;
- la primera ES EQUIVALENTE con la segunda.

Si ubicamos las fracciones en la recta numérica veremos que:

- la que está más próxima al número 0 es menor;
- las fracciones equivalentes ocupan el mismo lugar en la recta numérica.

Hay un procedimiento matemático que permite obtener, rápidamente, la relación. Este procedimiento se denomina "productos cruzados".

¿En qué consiste? Se multiplica el numerador de la primera fracción por el denominador de la segunda, y el numerador de la segunda por el denominador de la primera.

Amplificación

Para amplificar una fracción debemos multiplicar su numerador y denominador por un mismo número natural. Esta multiplicación no cambia ni el valor ni la ubicación en la recta de la fracción considerada.

Por ejemplo, $\frac{7}{5}$.

Amplificamos $\frac{7}{5}$ por 5. Así tendremos:

$$\frac{7 \cdot 5}{5 \cdot 5} = \frac{35}{25} \quad \text{Y queda: } \frac{7}{5} = \frac{35}{25}$$

Si multiplicamos una fracción por cualquier número natural podremos obtener infinitas fracciones equivalentes.

Simplificación

Para simplificar una fracción dividimos el numerador y el denominador de esa fracción por un mismo número natural.

Hay una CONDICIÓN NECESARIA: el numerador y el denominador deben ser múltiplos de ese número. Sin esta condición no se puede simplificar la fracción.

Fracción irreductible

Decimos que una fracción es irreductible cuando no la podemos simplificar.

Por ejemplo, $\frac{4}{6}$.

4 es múltiplo de 2, y 6 también.

$4 : 2 = 2$; y $6 : 2 = 3$

Nos queda: $\frac{4}{6} = \frac{2}{3}$

La fracción $\frac{4}{6}$ se puede simplificar.

A ordenar fracciones

Si tenemos que ordenar fracciones debemos fijarnos en sus denominadores.

- Si son iguales: $\frac{5}{14}$; $\frac{3}{14}$; $\frac{16}{14}$; $\frac{4}{14}$; $\frac{29}{14}$.

En este caso, será mayor la fracción que tenga el numerador mayor.

- Si los denominadores son distintos.

En este caso, debemos igualarlos usando la tabla del MCM (mínimo común múltiplo), en nuestro caso, mínimo común denominador.

Por ejemplo: si tuviéramos que ordenar de menor a mayor $\frac{2}{3}$; $\frac{1}{6}$ y $\frac{5}{8}$.

Con los denominadores 3, 6 y 8 recurrimos a la tabla: MCM = 24.

Seguidamente, tenemos que hallar una fracción equivalente para cada una de las anteriores, pero con denominador 24.

El denominador 3 se multiplicó por el número 8 para transformarse en 24. Así, multiplicaremos también el numerador por 8 para obtener la fracción equivalente por amplificación.

Así: $\frac{2}{3} \overset{\cdot 8}{=} \frac{16}{24}$ (numerador y denominador multiplicados por 8)

$\frac{1}{6} = \frac{4}{24}$

$\frac{5}{8} = \frac{15}{24}$

Las ordenamos: $\frac{4}{24}$; $\frac{15}{24}$; $\frac{16}{24}$.

Ordenando las fracciones originales, nos queda: $\frac{1}{6}$; $\frac{5}{8}$; $\frac{2}{3}$.

OPERACIONES CON FRACCIONES

Adición

• Veamos el siguiente ejemplo:

$\frac{3}{8} + \frac{5}{8} + \frac{7}{8} = \frac{15}{8}$

Como es fracción irreductible, podemos transformarla en número mixto: $1\ \frac{7}{8}$.

¿Qué hicimos? Como tienen el mismo denominador, simplemente sumamos los numeradores y conservamos el denominador.

Siempre debemos revisar si podemos simplificar, ya que es conveniente que la suma sea una fracción irreductible.

$\frac{1}{4} + \frac{3}{4} + \frac{4}{4} + \frac{8}{4}$

$\frac{8}{4}$ se puede simplificar por 2:

$\frac{8}{4} = \frac{4}{2} = \frac{2}{2} = 1$

Si las fracciones tienen distinto denominador, primero obtenemos fracciones equivalentes que tengan un MCD (mínimo común denominador), y luego resolvemos como en el ejemplo anterior:

$$\frac{3}{4} + \frac{1}{6} + \frac{1}{8}$$

El MCD de 4, 6 y 8 es 24.

$$\frac{18}{24} = \frac{4}{24} = \frac{3}{24} = \frac{25}{24} = 1\frac{1}{24}$$

- **Propiedades**

La suma de fracciones tiene las mismas propiedades que la suma de números cardinales: es conmutativa, es asociativa y tiene clausura (como elemento neutro, actúa toda fracción que represente al entero 0).

Sustracción

- **Al igual que con la suma**

$$\frac{11}{15} - \frac{7}{15} = \frac{4}{15}$$

Con igual denominador, restamos los numeradores y dejamos el mismo denominador.

Con distinto denominador, utilizamos el MCD (mínimo común denominador) para encontrar fracciones equivalentes y después restamos.

$$\frac{3}{4} - \frac{1}{2}$$

El mínimo común denominador de 4 y de 2 es 4, entonces:

$$\frac{3}{4} - \frac{2}{4} = \frac{1}{4}$$

- **Con números mixtos y enteros**

Primero transformamos a fracción irreductible, luego buscamos el mínimo común denominador y finalmente realizamos la resta.

$$3\frac{1}{9} - 2\frac{1}{3}$$

Transformamos a fracción irreductible:

$$\frac{28}{9} - \frac{7}{3}$$

El mínimo común denominador de 9 y de 3 es 9.

Luego: $\frac{28}{9} - \frac{21}{9} = \frac{7}{9}$

Multiplicación

$$\frac{\overset{1}{\cancel{2}}}{\underset{1}{\cancel{3}}} \cdot \frac{1}{\underset{\underset{1}{\cancel{2}}}{\cancel{4}}} \cdot \frac{\overset{\overset{1}{\cancel{2}}}{\cancel{6}}}{7} \cdot \frac{1}{7}$$

Primero simplificamos las fracciones, en forma vertical o cruzada.

Simplificamos en forma cruzada 2 y 4, por 2; 3 y 6, por 3; y luego 2 y 2, por 2.

$$\frac{1}{1} \cdot \frac{1}{1} \cdot \frac{1}{7} = \frac{1}{7}$$

Luego se multiplican los numeradores y los denominadores. Así se obtiene el producto, que será una fracción irreductible porque ya simplificamos.

Si algún factor es número mixto o entero, lo reducimos a fracción impropia y luego multiplicamos.

- **Propiedades**

La multiplicación es conmutativa, asociativa y distributiva. (En este último caso, con respecto a la adición de fracciones.)

División

Para dividir fracciones multiplicamos la primera fracción –o dividendo– por la inversa de la segunda fracción.

Por ejemplo: $\frac{4}{5} : \frac{6}{10} = \frac{\overset{2}{\cancel{4}}}{\underset{1}{\cancel{5}}} \cdot \frac{\overset{2}{\cancel{10}}}{\underset{3}{\cancel{6}}} = \frac{4}{3} = 1\frac{1}{3}$

Y AHORA... A PRACTICAR

1) Conviertan el siguiente número mixto en fracción impropia, y grafiquen.

$3\frac{2}{5}$

2) Conviertan la siguiente fracción impropia en número mixto, y grafiquen.

$\frac{21}{4}$

3) ¿Qué parte representan?

MARZO
- del año ....
- del primer semestre ....
- del primer bimestre ....

LETRA E
- de las vocales ....
- de las letras de la palabra CELESTE ....

LUNES
- de los días de la semana ....
- de los días que vamos a la escuela ....

LA NOTA RE
- de las notas musicales ....
- de las sílabas de la palabra PARECIDO ....

4) De los 10 gatitos que tiene mi vecino, 4 son grises y 6 son blancos. ¿Qué parte del total representan los blancos? ¿Y los grises?

5) Unan con flechas, según corresponda, las fracciones con los números mixtos.

$\frac{35}{8}$ $3\frac{4}{9}$

$\frac{6}{6}$ 1

$\frac{17}{4}$ $4\frac{3}{8}$

$\frac{31}{9}$ $4\frac{1}{4}$

6) ¿Qué clase de fracción es? Escriban el nombre y cómo se lee (en letras).

$\frac{125}{25}$

7) Resuelvan y simplifiquen cuanto sea posible.

$\frac{4}{6} \cdot \frac{10}{25} \cdot \frac{7}{4} =$

$\frac{8}{4} \cdot \frac{21}{3} \cdot \frac{3}{5} =$

8) Realicen las siguientes operaciones de division de fracciones.

$\frac{4}{5} : 3 =$

$2 : \frac{6}{11} =$

9) Escriban la fracción resultante correspondiente.

- Siete tercios más cuatro tercios:
- A cinco octavos, restarle tres octavos y sumarle un octavo:
- ¿Cuál es el resultado de aumentar en dos cuartos, a cinco cuartos?:
- Sumar tres fracciones cuyo denominador es seis y los numeradores son: cinco, tres y siete:

10) Resuelvan el siguiente problema y hagan los gráficos que expresen a las fracciones correspondientes.

En la heladera había dos panes de manteca iguales. Se usó $\frac{5}{8}$ de uno, y $\frac{3}{4}$ de otro. ¿De cuál de los dos se usó más?

11) Resuelvan el siguiente problema.

Analía gastó $\frac{2}{5}$ de los $95 que le regalaron sus tíos. Lucas, en cambio, gastó $\frac{3}{4}$ de los $50 que tenía ahorrados. ¿Quién gastó más dinero?

12) Otro problemita.

Un caracol desea trasladarse de una quinta a la otra, subiendo el muro que las separa.

Trepa verticalmente cada día $\frac{3}{5}$; y desciende verticalmente cada noche, $\frac{2}{5}$, de modo que cada día avanza en efectivo $\frac{1}{5}$ de su ruta. ¿En cuántos días llegará a la cima del muro?

13) De los siguientes, señalen con un círculo los números mixtos.

$3\frac{2}{5}$

$8\frac{14}{20}$

$\frac{17}{3}$

$\frac{174}{294}$

$\frac{8}{4}$

$6\frac{1}{9}$

14) Coloquen > (mayor) o < (menor) según corresponda.

$\frac{2}{3} \qquad \frac{1}{5}$

$\frac{4}{7} \qquad \frac{4}{9}$

$\frac{2}{4} \qquad \frac{2}{5}$

$\frac{3}{7} \qquad \frac{2}{7}$

$\frac{6}{11} \qquad \frac{6}{15}$

$\frac{3}{6} \qquad \frac{3}{9}$

15) Escriban la fracción correspondiente.

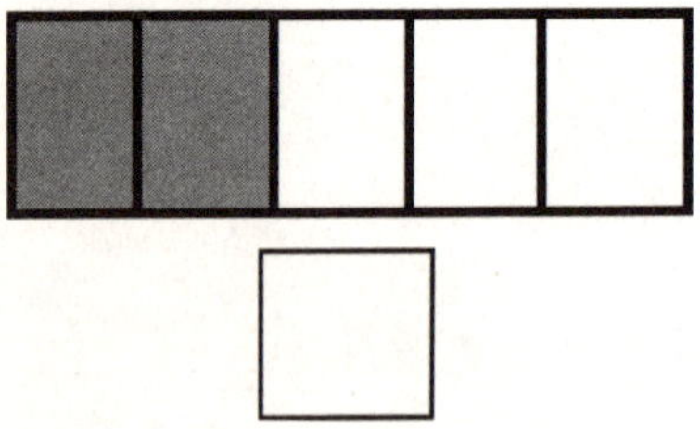

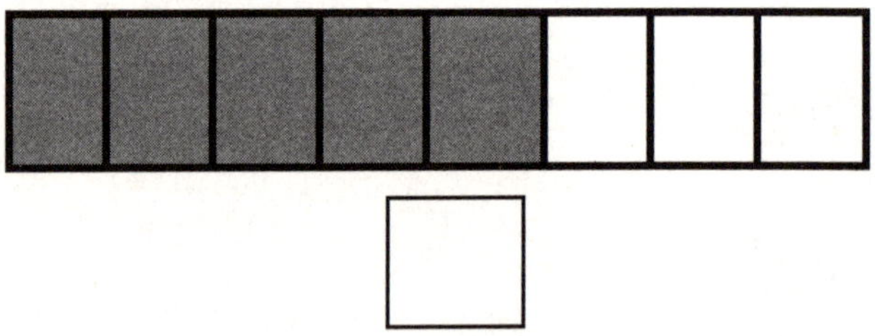

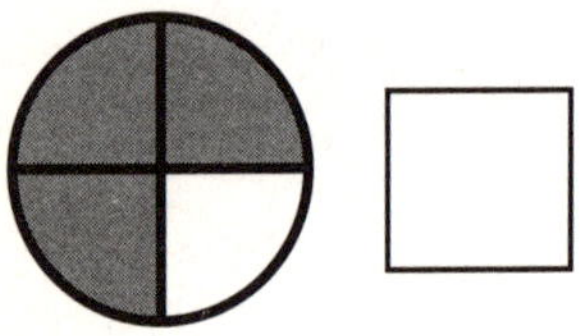

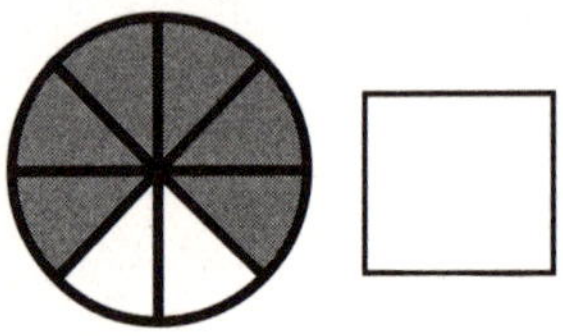

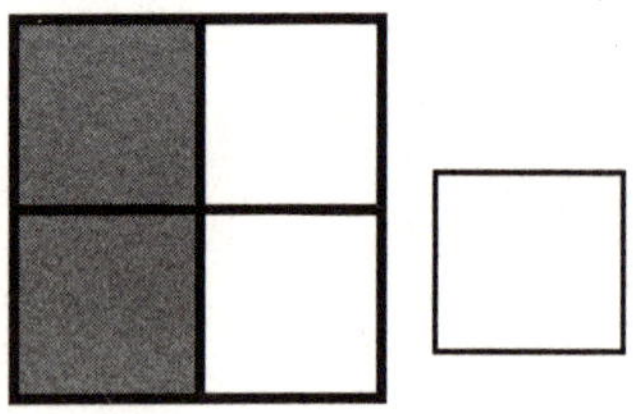

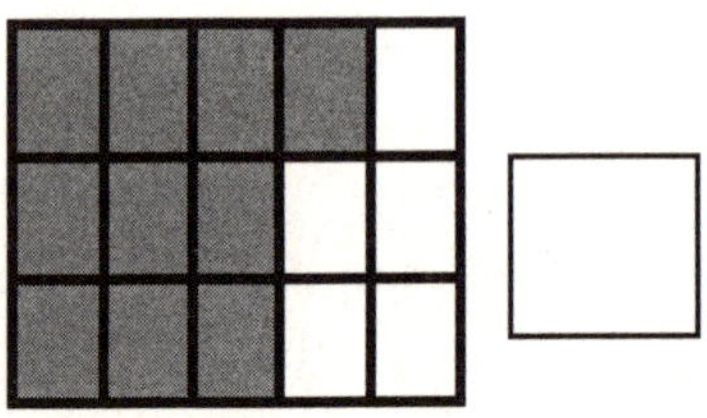

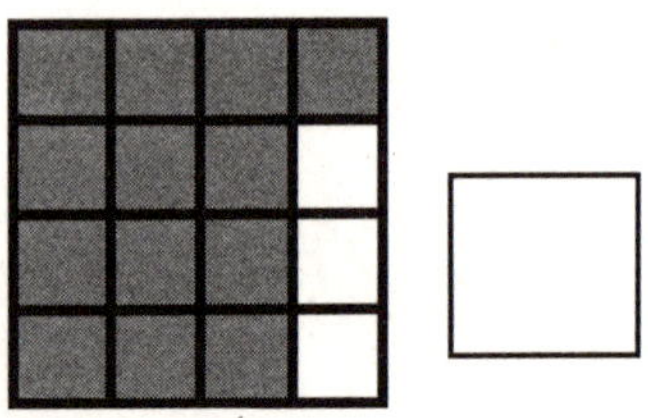

Soluciones

Página 5

1) 2^0 — 1; 2^3 — 8; 2^1 — 2; 2^6 — 26; 2^4 — 16; 2^2 — 4

3^3 — 27; 3^4 — 81; 3^0 — 1; 3^1 — 3; 3^2 — 9

2) $10^4 = 10.000$
$28^0 = 1$
$2^5 = 32$
$1^7 = 1$
$9^1 = 9$
$3^4 = 81$
$2^6 = 64$
$0^{21} = 0$

3) 9^1 — 9; 3^2 — 9; 3^3 — 27; 4^2 — 16; 16^1 — 16; 25^1 — 25; 5^2 — 25

Página 7

1) $(3 + 4)^2 = 7^2 = 49$
$3^2 + 4^2 = 9 + 16 = 25$
$49 \neq 25$
$(3 + 4)^2 \neq 3^2 + 4^2$

$(8 - 2)^3 = 6^3 = 216$
$8^3 - 2^3 = 512 - 8 = 504$
$216 \neq 504$
$(8 + 2)^3 \neq 8^3 - 2^3$

Los resultados **no son iguales** porque **no es** distributiva en la suma y en la resta.

2) $7 . 4 - 2^4 + 15 : 3 - 35 = -18$
$72 : 9 + 9^2 - 2^3 . 3^2 + 5^2 = 42$
$(6^2 . 5^2) : 30^2 = 1$
$3^3 - 2^3 + 7^2 - 6^2 + 8^2 = 96$
$56 : 7 + 54 : 6 - 8^0 . 3^2 = 8$
$6^5 + 0^4 + 4^3 : 8 - 2^3 = 7.776$
$7^3 . 0^5 + 12^2 - 10^2 + 11^2 = 165$

Página 9

1) $\sqrt{81} = 9$
$\sqrt{49} = 7$
$\sqrt[3]{100} = 10$
$\sqrt[3]{27} = 3$
$\sqrt[3]{0} = 0$
$\sqrt[3]{125} = 5$
$\sqrt[3]{1} = 1$

Página 12

1) $\sqrt[3]{125} = 5$
$\sqrt{121} = 11$
$\sqrt{36} = 6$
$\sqrt[3]{216} = 6$
$\sqrt[3]{1.000} = 10$

2) $25 - 30^0 + 0 . 6 - 15 = 9$
$5^2 . 5^3 - 5^4 : 5 = 3.000$
$150 : 10 - 3^2 + 0 + 7 . 3 = 27$
$3 . 4 . 5 - 3 . 4^2 = 12$
$144 - 6^0 + 92 : 2 - 5 = 184$
$\sqrt[5]{243} - 0 + 7 . 2 = 17$
$6 . \sqrt{49} + 0^5 + 3 . 2^4 = 90$
$1^7 . 8^1 + \sqrt[5]{32} - \sqrt[4]{1} = 9$
$5^3 - \sqrt{81 . 49} = 62$
$\sqrt[3]{8 . 27} - 4 : 1 + 3 . 0 . 1 = 2$

3) • Dos más el cuadrado de cinco.
$2 + 5^2$

• Raíz cuadrada de veinte más cinco.
$\sqrt{20 + 5}$

• El cubo de cinco menos la potencia cuarta de dos.
$5^3 - 2^4$

4) $1 + 2 + 3 + 4 + 3 + 2 + 1 = 4^2$
$1 + 2 + 3 + 4 + 5 + 4 + 3 + 2 + 1 = 5^2$

Página 14

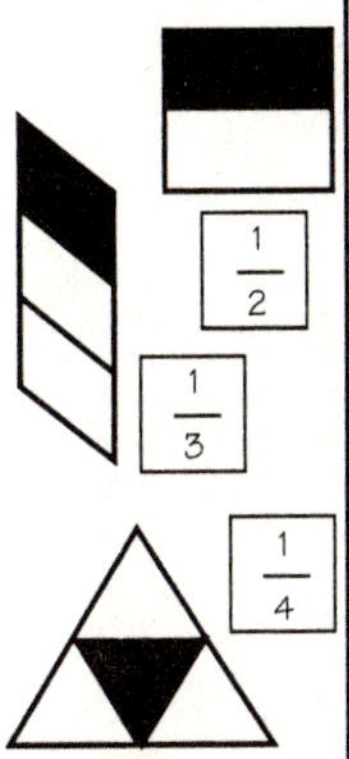

Página 19

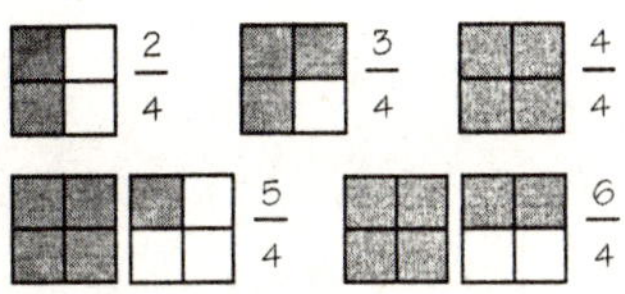

3)
MARZO
- del año $\frac{3}{12}$
- del primer semestre $\frac{3}{6}$
- del primer bimestre $\frac{3}{2}$

LETRA E
- de las vocales $\frac{1}{5}$
- de las letras de la palabra CELESTE $\frac{3}{7}$

LUNES
- de los días de la semana $\frac{1}{7}$
- de los días que vamos a la escuela $\frac{1}{5}$

LA NOTA RE
- de las notas musicales $\frac{1}{7}$
- de las sílabas de la palabra PARECIDO $\frac{1}{4}$

Página 27

1) $3\frac{2}{5} = \frac{3 . 5 + 2}{5} = \frac{17}{5}$

2) $\frac{21}{4} = 5\frac{1}{4}$

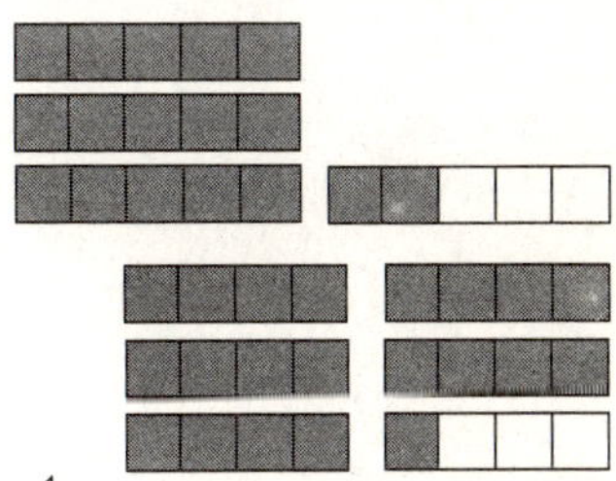

4) blancos $\frac{6}{10}$ grises $\frac{4}{10}$

Página 28

5) $\frac{35}{8}$ — $4\frac{3}{8}$; $\frac{6}{6}$ — 1; $\frac{17}{4}$ — $4\frac{1}{4}$; $\frac{31}{9}$ — $3\frac{4}{9}$

6) Ciento veinticinco veinticincoavos.
La fracción es aparente.

7) $\frac{4}{6} . \frac{10}{25} . \frac{7}{4} = \frac{7}{15}$

$\frac{8}{4} . \frac{21}{3} . \frac{3}{5} = \frac{42}{5}$

8) $\frac{4}{5} : 3 = \frac{4}{15}$

$2 : \frac{6}{11} = \frac{11}{3}$

9) • Siete tercios más cuatro tercios: $\frac{11}{3}$
• A cinco octavos, restarle tres octavos y sumarle un octavo: $\frac{3}{8}$
• ¿Cuál es el resultado de aumentar en dos cuartos, a cinco cuartos?: $\frac{7}{4}$
• Sumar tres fracciones cuyo denominador es seis y los numeradores son: cinco, tres y siete: $\frac{15}{6}$

Página 29

10) 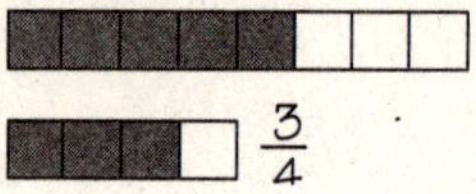

Se usó más del pan que tiene $\frac{3}{4}$

11) $\frac{2}{5}$ de 95 $= \frac{2 \cdot 95}{5} = 38$ \$

$\frac{3}{4}$ de 60 $= \frac{3 \cdot 60}{4} = 45$ \$

12) $\frac{1}{5} + \frac{1}{5} + \frac{1}{5} + \frac{1}{5} + \frac{1}{5} = \frac{5}{5}$

Llegará a la cima del muro en 5 días.

13) $3\frac{2}{5}$ $8\frac{14}{20}$

Página 30

14)

$\frac{2}{3} > \frac{1}{5}$ $\frac{3}{7} > \frac{2}{7}$

$\frac{4}{7} > \frac{4}{9}$ $\frac{6}{11} > \frac{6}{15}$

$\frac{2}{4} > \frac{2}{5}$ $\frac{3}{6} > \frac{3}{9}$

15) 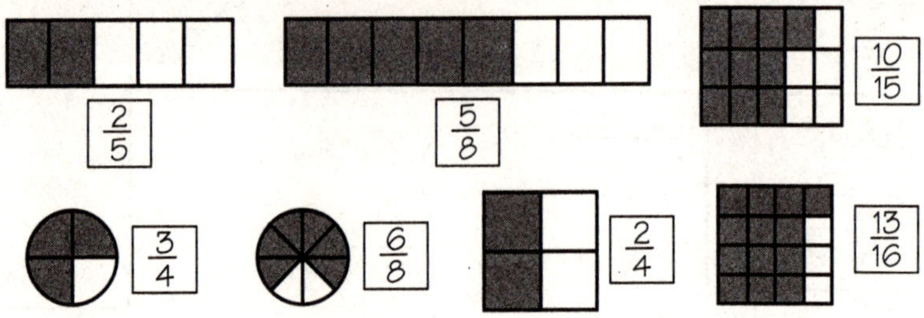

Este libro se terminó de imprimir en
MUNDO GRÁFICO
Zeballos 885 • Avellaneda
Abril de 2004